KB266371

| 스프링북 |

큰글씨판 슈퍼 스도쿠

오정환 지음

보누스

가이드

스도쿠의 기본 규칙

스도쿠의 가장 기본 규칙은 가로 3칸, 세로 3줄인 3×3 박스의 9개 칸에 1부터 9까지의 숫자를 중복되지 않게 채워 넣는 것이다.

스도쿠의 모양은 3×3, 4×4, 6×6, 9×9 등이 있는데, 보통 가로 9칸, 세로 9줄의 9×9 스도쿠를 많이 한다.

스도쿠 푸는 요령

스도쿠는 가장 쉽게 찾을 수 있는 빈칸부터 차근차근 숫자를 채우는 것이 좋다. 이미 채워져 있는 숫자가 많을수록 빈칸에 들어갈 숫자를 찾기 쉽다.

■ 하나 찾기 ①

먼저 〈그림 1〉처럼 가로 9개 칸에서 한 칸만 비어 있으면 숫자를 찾기는 어렵지 않을 것이다.

또 〈그림 2〉 같은 3×3 박스에서도 1~9까지 숫자 중 빠진 숫자 하나를 채워 넣으면 된다.

그림 1

3	7	5	2	9	1	6		8

그림 2

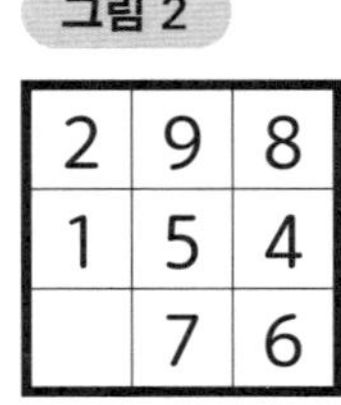

2	9	8
1	5	4
	7	6

■ 하나 찾기 ②

〈그림 3〉처럼 빈칸이 많으면 어렵게 느낄 수 있지만 앞에서 연습했던 것과 똑같은 하나 찾기로 풀 수 있다. 물음표(?) 표시된 칸에 들어갈 숫자를 찾아보자.

물음표가 있는 가로줄에 숫자 1, 2, 7이 있으므로 1, 2, 7은 들어갈 수 없다. 작은 박스 안에는 3, 4, 9가 있으므로 3, 4, 9는 들어갈 수 없다. 물음표가 있는 세로줄에는 6, 8이 있으므로 6, 8은 들어갈 수 없다. 따라서 물음표가 표시된 칸에는 1, 2, 3, 4, 6, 7, 8, 9가 들어갈 수 없으므로 5를 넣으면 된다.

그림 3

					4			
1				?			7	2
			9		3			
				8				
				6				

■ 후보숫자 넣기

가로줄과 세로줄, 3×3 박스에서 채워진 숫자가 많은 곳을 찾아 〈그림 4〉처럼 후보숫자를 넣어본다. 후보숫자란 빈칸 안에 들어갈 수 있는 숫자이며, 차근차근 따져서 모두 적는 것이 좋다.

그림 4

7	9	45	1		3		8	2
2	148	6	7					5
145	1458	3			2		7	
15	158	1578	2		6		4	9
1459	1458	124 589						
6	3	1459	8		4		5	
1459	2	1459						
3	6	49		7	1	5	2	8
8	7	49		2	5		1	3

■ 가로 및 세로줄과 3×3 박스가 교차하는 영역 살펴보기

〈그림 5〉에서 색칠된 부분을 보자. 9로 시작하는 두 번째 세로줄에서 빈칸에는 후보숫자가 적혀 있다. 그림에 따르면 8은 비어 있는 네 개의 모든 칸에 들어갈 수 있다.

그림 5

7	9	45	1		3		8	2
2	148	6	7					5
145	1458	3			2		7	
15	158	1578	2		6		4	9
1459	1458	124 589						
6	3	1459	8		4		5	
1459	2	1459						
3	6	49		7	1	5	2	8
8	7	49		2	5		1	3

하지만 첫 번째 3×3 박스에 들어갈 8은 동그라미로 작게 표시된 칸에만 들어갈 수 있다. 왜냐하면, 첫 번째 3×3 박스의 맨 오른쪽 위 칸에는 해당 가로줄에 이미 숫자 8이 있다. 또한 맨 왼쪽 아래 칸에도 해당 세로줄에 이미 숫자 8이 있다. 즉 첫 번째 3×3 박스에 8이 들어갈 곳은 동그라미로 작게 표시된 두 칸 중 하나여야 한다는 뜻이다.

따라서 9로 시작하는 두 번째 세로줄의 나머지 두 칸에는 8이 들어갈 수 없으므로 해당 칸에 작게 적힌 후보숫자 중 8은 제거해야 한다.

■ 2개짜리 짝 찾기 ①

〈그림 6〉에서 색칠된 다섯 번째 가로줄을 보면, 세 번째 칸과 일곱 번째 칸에만 후보숫자 2와 8이 적혀 있다. 즉, 2와 8은 이 두 개의 칸에만 들어갈 수 있다는 뜻이다. 따라서 세 번째 칸과 일곱 번째 칸에서 2와 8을 제외한 나머지 후보숫자는 제거할 수 있다.

그림 6

7	9	5	1		3		8	2
2		6	7					5
		3			2		7	
			2		6		4	9
1459	145	~~1~~2~~5~~8	359	1359	7	~~1~~2~~3~~~~6~~8	36	16
6	3		8		4		5	
	2							
3	6			7	1	5	2	8
8	7			2	5		1	3

■ 2개짜리 짝 찾기 ②

〈그림 7〉에서 색칠된 세 번째 세로줄에 있는 후보숫자를 보자. 세 번째 세로줄에서 8번째 칸과 9번째 칸에는 각각 4 또는 9만 들어갈 수 있고, 다른 숫자는 들어갈 수 없다. 따라서 이 세로줄의 다른 칸에는 4와 9가 들어갈 수 없으므로 나머지 칸의 후보숫자 중 4와 9는 제거해야 한다. 그러면 첫 번째 칸의 후보숫자인 4와 5 중 4가 제거되었으므로 첫 번째 칸에 들어가는 숫자는 5가 된다. 나머지 부분도 이 방법을 이용해 채울 수 있다.

그림 7

7	9	~~4~~5	1		3		8	2
2		6	7					5
		3			2		7	
		1578	2		6		4	9
		12~~4~~ 58~~9~~						
6	3	1~~4~~5~~9~~	8		4		5	
	2	1~~4~~5~~9~~						
3	6	④⑨		7	1	5	2	8
8	7	④⑨		2	5		1	3

차 례

■ 가이드 ········ 2

■ 문제 ········ 8

■ 답 ········ 108

1

월 일

			3		5			
	1			8			5	
		4	2		9	1		
4								7
	2						1	
7		6				5		3
	7		1		4		6	
	8			2			3	
		5	7		8	2		

20대에는 욕망의 지배를 받고, 30대는 이해타산, 40대는 분별력,
그리고 그 나이를 지나면, 지혜로운 경험에 지배를 받는다. – 그라시안

2

월 일

		9	1		3	4		6
	3			4			5	
2					8	1		
		3	4					1
	4			1			6	
5					2	7		
		6	3					7
	8			7			4	
1		7	9		4	5		

20대에는 의지가, 30대에는 기지가,
40대에는 판단이 지배한다. – 벤자민 프랭클린

3

월　　일

4								6
		7		4		3		
2	3						8	1
			4		7			
3								2
	9		3		2		6	
	2						3	
		3		9		5		
1	6		5		8		4	7

가장 높이 나는 새가 가장 멀리 본다. – 리처드 바크

4

월 일

5		9	6	8				7
7		4			1			3
		1			5	8		
		2					5	
	5						1	
3				2	8	7	4	
6			7					
9	2	3						5
				4			8	2

가장 적은 것으로도 만족하는 사람이 가장 부유한 사람이다. －소크라테스

5

월 일

			4	6	7			
4	3			8			1	7
		7				9		
			7		5			
		1	2		8	3		
	4						2	
	7	5		2		1	4	
		6				8		
3			9	7	1			5

가장 큰 행복은 친구와 우정을 나누는 것이다. –에피쿠로스

6

월 일

	5	2			1			7
		7	6				2	3
					2		5	
	1			6	7			
	8	9		1			6	
		3				1	7	
8				3		2		
9	7		1	2				4
	3			9	4		8	6

결코 후회하지 말 것, 뒤돌아보지 말 것을 인생의 규칙으로 삼아라.
후회는 쓸데없는 기운의 낭비이며, 후회로는 아무것도 이룰 수가 없다.
단지 정체만 있을 뿐이다. – 캐서린 맨서필드

7

월 일

			5	3	9	2		
		4					1	
	3			2	4			8
	8		3			5		1
	4			1	7	3		6
		9				4		2
1			4	7	6			5
	6						4	
		2	8	9	1	6		

군자는 말하고자 하는 바를 먼저 행하고,
그 후에는 자신이 행함에 따라 말하느니라. –공자

8

월 일

7	8				3			4
	4		9	7	5		1	
1	5		6					2
				4				7
			8		1			
9				3				
3					8		7	9
	1		3	6	9		4	
5			1				6	8

그대가 값진 삶을 살고 싶다면 날마다 아침에 눈을 뜨는 순간 이렇게 생각하라.
'오늘은 단 한 사람을 위해서라도 좋으니
누군가 기뻐할 만한 일을 하고 싶다'라고. – 오쇼 라즈니쉬

9

월 일

2				3				1
	1		7		2		9	
		4				3		
	7		5		1		4	
1				9				8
	4		8		3		2	
		1				8		
	5		3		8		1	
3		8		5		6		4

그대는 인생을 사랑하는가? 그렇다면 시간을 낭비하지 말라,
시간이야말로 인생을 형성하는 재료이기 때문이다. – 벤자민 프랭클린

10

월 일

	3		5			2	9	
	1		2			8	4	
		5						
	9	6	8					2
8		7		9		5		1
1					7	6	8	
						1		
	6	3			4		5	
	8	1			3		2	

꽃에 향기가 있듯 사람에겐 품격이 있다.
꽃이 싱싱할 때 향기가 신선하듯이 사람도 마음이 밝을 때 품격이 고상하다.
썩은 백합꽃은 잡초보다 오히려 그 냄새가 고약하다. －셰익스피어

11

월 일

			1	4	3			
	8	4				6	7	
2			7	6	8			3
1		8	4		6	7		5
		3		5		8		
		9				3		
	9		3		2		6	
6			5		1			8
	3			7			5	

나는 해야 한다. 그러므로 할 수 있다. -칸트

12

월 일

			8				4	
	5	3		7	6			9
	7	9		4	5			
			5				8	4
7	9						3	6
1	4				2			
			9	2		4	5	
5			7	8		6	9	
	8				1			

나이가 드니까 안 노는 것이 아니라
놀지 않기 때문에 나이가 드는 것이다. –조지 버너드 쇼

13

월 일

1		2				6		9
	4			6			7	
3		6				5		1
			5		6			
	6			7			5	
			9		4			
2		1				8		5
	5			1			9	
9		7		5		3		4

나이를 먹을수록 세상을 바라보는 분별력과 삶에 대한 애착이
깊어지는 것이다. – 그라시안

14

월 일

	1	6		9		2	4	
3			7		6			5
5		9				7		6
	3						6	
	7			4			8	
	5		1				9	
		3				1		9
1			3		2			4
	4			6		8	5	

내가 계속할 수 있었던 유일한 이유는 내가 하는 일을 사랑했기 때문이라
확신합니다. 여러분도 사랑하는 일을 찾으셔야 합니다.
당신이 사랑하는 사람을 찾아야 하듯 일 또한 마찬가지입니다. −스티브 잡스

15

월 일

		6				4		
			4		7			
8			5	2	6			1
	3	4		8		5	6	
			9		4			
	1	2		6		8	9	
1			7	4	8			2
			6		1			
		3				6		

내가 원하지 않는 바를 남에게 행하지 말라. – 공자

16

월 일

1		4		7		6		9
	7	3	5		8	4	2	
	2				7			
	1	8	9		4	7	6	
			6		5		1	
	8	7	4		9	1	3	
	3		8		2		5	

늘 행복하고 지혜로운 사람이 되려면 자주 변해야 한다. –공자

17

월 일

		9	5					7
		6				3	2	
5	3				4		1	
4				9	7		3	
				1	5	9		
		2	6					4
8	2		3				6	1
		5				4		
1		7			6	2		

당신이 인생의 주인공이기 때문이다. 그 사실을 잊지 말라.
지금까지 당신이 만들어 온 의식적, 그리고 무의식적 선택으로 인해
지금의 당신이 있는 것이다. – 바바라 홀

18

월 일

		3			8	2		
	7			9			1	
9			7			5		8
		6			2			1
	1		6	4			3	
		7			3			4
4			5			1		2
	5			8			9	
		1			9	7		

도전은 인생을 흥미롭게 만들며,
도전의 극복이 인생을 의미 있게 한다. – 조슈아 J. 마린

19

월 일

		4	6			1		
	5	3					4	
8			4		3		6	5
		6		1		5		2
			5		6			
5		7		3		9		
4	6		2		5			3
	3					6	2	
		9			1	4		

들은 것은 잊어버리고, 본 것은 기억하고 직접 해본 것은 이해한다. –공자

20

월 일

						6	5	
	4	6			7			2
1			4		5			8
6			5			2	1	
	3	4					9	
			2			3		6
		2		5	8			3
8	6			4			2	
			1		6		8	

만물은 변화다. 우리의 삶이란 우리의 생각이
변화를 만드는 (과정)이다. – 마르쿠스 아우렐리우스 안토니우스

21

월 일

	5		6				4	
9		7		8		5		2
	2		4				7	
				6		3		4
	9			3			1	
1		6		2				
	7				6		9	
3		4		1		2		8
	1				8		3	

말은 행실의 그림자다. 말이 아니라 행동으로 유명해져라. －데모크리토스

22

월 일

		1			5	2		
6	7			8			4	3
		9	4			7		
				1	2			9
9								2
8			5	6				
		7			4	3		
4	2			7			9	5
		6	9			1		

멀리 갈 위험을 감수하는 자만이
얼마나 멀리 갈 수 있는지 알 수 있다. －T.S. 엘리엇

23

월 일

6					1	7		2
		1	2			3		
	2			5			1	8
	3			6				1
		4	5		3	6		
7				1			2	
1	6			3			5	
		2			5	8		
8		3	4					9

멀리 내다보지 않으면 가까운 곳에 반드시 근심이 있다. – 공자

24

월 일

					2	3	7	8
	1	9	3					
		7						
		6			5	8	3	
1		5				2		
	4	8	6			5		9
						6		
					4	1	9	
8	6	3	5					

멈추지 않으면 얼마나 천천히 가는지는 문제가 되지 않느니라. －공자

25

월 일

4			2	6			8	
3		1			7		6	
9		3					1	
6		5	3	2			9	
1		2			6		7	
2		7			4		5	
8			1	5			3	
	1	4			9	8		

모든 것이 저만의 아름다움을 지니고 있으나
모든 이가 그것을 볼 수는 없느니라. – 공자

26

월 일

		5	2		1			6
	8				4	1		
	3		5				4	
8			3		2		1	
7	6							
5			4		8		7	
	4		9				8	
	1				5	3		
		2	8		6			4

모든 언행을 칭찬하는 자보다
결점을 친절하게 말해주는 친구를 가까이 하라. –소크라테스

27

월 일

1	7	5	9				8	
			7					
			6		8	7	5	3
2	1	3	4					6
			5					2
			1		2	9	4	8
3	5	4	2					9
								7
	9				6	1	2	5

목표가 가치 있을 때 비로소 인생은 가치를 지니게 된다. – 헤겔

28

월 일

1				3				2
2			1	9	4			3
	6			7			1	
		6				1		
5				1				7
	4		5		7		8	
		4		2		8		
7								6
	9		6	4	3		2	

목표에 도달하는 가장 확실한 방법은 그 목표가 아니라
그 너머의 더 야심찬 목표를 향해 나아가는 것이라는 점은 역설적이지만
참되고 중요한 인생의 원칙이다. – 아놀드 토인비

29

월 일

5	7						8	1
		3	5		4	9		
								4
			9		8			
9		1		2		3		7
			7		6			
4								8
		6	8		1	2		
	5						4	

무슨 일이든지 한 가지 일에 성공하려면
다른 일은 생각하지 마라. –헤라클레이토스

30

월 일

	1			9		5		
4					8		2	
7		2	4			1		9
		6	2				1	
8								6
3		9			1	7		
9			3		4	6		
	6							5
		7	1			9	4	

무지를 아는 것이 곧 앎의 시작이다. −소크라테스

31

월　　　일

	1			9				
		2	1				5	6
5		9	4		7			1
	9			7				
		3	6		8	7		
				4			3	
8			7		6	2		4
2	4				9	1		
				3			8	

배우고 때로 익히면 또한 기쁘지 아니한가. －공자

32

월 일

	2						9	
1		3				6		4
5		4		7		2		8
			5		7			
	8	7				4	6	
4								7
	7	1		5		8	4	
2			4		6			1
				9				

배우기만 하고 생각하지 않으면 얻는 것이 없고,
생각만 하고 배우지 않으면 위태로우니라. – 공자

33

월 일

	4			9	6	2		
5	7		1				9	
				5				
			5		7		8	2
3		8		4		9		7
4	2		9		1			
				6				
	9				8		7	5
		5	3	7			4	

배움이란 일생동안 알고 있었던 것을
어느 날 갑자기 완전히 새로운 방식으로 이해하는 것이다. – 도리스 레싱

34

월 일

3	2	6				7	4	9
			6	9	4			
	3	1				6	2	
6								7
	4			7			5	
2		4	8		1	3		5
5		9				8		1
	1						6	

벗이 먼 곳에서 찾아오면 또한 즐겁지 아니한가. –공자

35

월 일

				5				
	3	4				7	8	
2			3		6			9
		9		6		3		
	1	3				6	5	
	2		7		1		9	
	4			9			7	
	6						1	
		8	5	1	3	4		

변화에서 가장 힘든 것은 새로운 것을 생각해내는 것이 아니라
이전에 가지고 있던 틀에서 벗어나는 것이다. –존 메이너드 케인즈

36

월 일

	6	4				2		
1			4		7		8	
5				8	6	4		
	4	5	6				7	
				4				2
	2				1	9	5	
	3							9
4			9	7				5
		6			8	7		

불행은 누가 진정한 친구가 아닌지를 보여준다. – 아리스토텔레스

37

월 일

1		2	6		3	4		8
							3	
	6			9				
4		6		8		2		
7		3		1	9			
8		5		6		3		
	8			3			7	
2		4	9		1	5		6

사람은 나이를 먹는 것이 아니라 좋은 포도주처럼 익어가는 것이다. －S. 필립스

38

월 일

2							6	4
7			8	9	4			5
1		4				7		
3			9		2		5	
		7					9	
	9				8		7	
	4			5		1		
8		5	6					
	7				9	5	4	3

사람이 인생에서 가장 후회하는 어리석은 행동은
기회가 있을 때 저지르지 않은 행동이다. – 헬렌 롤랜드

39

월 일

		2				5		6
1	6		8			2	3	
				4			7	1
3	7		4					
		9		7		1		
					5		4	7
2	3			1				
	5	8			2		1	3
7		4				9		

세계는 변화다.

우리의 인생은 우리의 생각들이 결정한다. –마르쿠스 아우렐리우스 안토니우스

40

월 일

		1				4		
			4		8			
6		4				5		9
	5			8			9	
8			9	6	5			2
	9		1		7		8	
9				5				6
	2						7	
		8	7		1	9		

순간을 지배하는 사람이 인생을 지배한다. - 크리스토프 에센바흐

41

월 일

	2	7	8				9	
	6			4		1		5
	4			6			3	
		3	4					
			5			7	2	
		2		7	8			6
1	3		7		4			2
		4				3	1	7
		5						

시간은 만물을 스러지게 한다. 만물은 시간의 힘 아래 서서히 나이 들고 시간이 흐르면서 잊힌다. -아리스토텔레스

42

월 일

1	2				7	8		
		3		6			1	
4	5				1	9	7	
	7	2			3	5		
8			9					
	4	9	5			7	8	
					9			2
		1	3			6	5	

아는 것을 안다 하고, 모르는 것을 모른다 하는 것이
참으로 아는 것이다. – 공자

43

월 일

5	2			3	6			
8			7			6		
			1			5		7
	5	8		9	3			4
9			5	4			8	
1			2		8	9		
	1	2			9		6	8
				6		4		
		9	4			3		

아무리 나이를 먹었다 해도 배울 수 있을 만큼은 충분히 젊다. –아이스큐로스

44

월 일

			2		1	5		
		6		4			3	
	8		3		6			9
	5		8			7		1
	2			1			4	
		4			7			8
			5			4	2	
	4			9		6		
8		7			2			

여행과 변화를 사랑하는 사람은 생명이 있는 사람이다. -바그너

45

월 일

2	7						6	8
9	4			5			3	2
			3		8			
		4				2		
3	2						8	1
		7		6		9		
			5		6			
8				9				6
	5		2	3	4		1	

예술과 사랑을 하기에는 인생이 짧다. – 윌리엄 서머셋 모옴

46

월 일

			1	2	7			
			5	9	4			
9		5				4		1
	5						1	
		7		8		3		
			9		5			
5		4				6		7
	9		6		2		5	
6			7		1			3

오늘 배우지 아니하고서 내일이 있다고 말하지 말며,
올해에 배우지 아니하고서 내년이 있다고 말하지 말라.
날과 달은 흐르니 세월은 나를 위해서 더디게 가지 않는다. –명심보감

47

월 일

		5	7		6	1		
9								6
	8		3	9	2		5	
3			8		9			2
	2						6	
		1	6		7	8		
		9		1		5		
		3				2		
8								4

오늘은 어제 생각한 결과이다. 우리의 내일은 오늘 무슨 생각을 하느냐에 달려 있다. 실패한 사람들의 생각은 생존에, 평범한 사람들은 현상 유지에, 성공한 사람들은 생각이 발전에 집중되어 있다. – 존 맥스웰

48

월 일

7	8			3	2			
3			8			1		
			6				2	
	9	8						2
5			9		1			3
6						9	7	
	4				8			
		3			9			6
			4	6			8	1

오래 살기를 바라기보다 잘 살기를 바라라. – 벤자민 프랭클린

49

월 일

	9				7	2		4
3	6						1	
		2	5					6
		3	4					9
				3				1
4					8		2	
2						5		
	1				9		3	
6		4	7	2				8

오직 남을 위해 산 인생만이 가치 있는 것이다. – 알버트 아인슈타인

50

월 일

5	6			7			1	
		2	4			5		8
3					1		2	
	1				2			
		3				7		
			6				5	
	7		1					2
6		4			5	1		
	2			6			9	5

올라가는 길과 내려오는 길은 하나이며 같다. –헤라클레이토스

51

월 일

			8		1			
		5				2		
		1		3		8		
			6		7			
2				8				4
	1			4			3	
		3		2		6		
9	4		3		6		7	2
		2	1		4	3		

우리 모두는 인생에서 만회할 기회라 할 수 있는
큰 변화를 경험한다. –해리슨 포드

52

월 일

				2	8			
		9					2	
	1		7			5	6	
2				1			9	
8	4	5	9	7			3	
9				5			8	
3				8		7	5	6
	2		3		6		1	

우리 모두는 인생의 격차를 줄여주기 위해 서 있는 그 누군가가 있기에
힘든 시간을 이겨내곤 합니다. - 오프라 윈프리

53

월 일

7	9						8	3
		1	9		3	6		
	8			6			2	
8								
1		3	8		7	9		2
2			6		9			1
	4						5	
		2		9		7		
			3		4			

우리가 배움이라 부르는 것은 오직 기억의 과정일 뿐이다. –플라톤

54

월 일

				6				
			2		7			4
		1				8		
	9			4			2	
	4		6		8		3	
		7	5		9	4		
				5				
	2	8		1		9	5	
1			4	9	3			6

우리는 나이가 들면서 변하는 게 아니다. 보다 자기다워지는 것이다. －린 홀

55

월 일

7								4
2			5		3			7
	9	8	7		4	2	5	
	6						2	
	3						8	
	8	2	4		5	6	7	
			1		2			
		4				3		
	2		8	3	9		4	

우리는 받아서 삶을 꾸려나가고 주면서 인생을 꾸며나간다. –윈스턴 처칠

56

월 일

	2	1				9	3	
8			4		3			7
	4		1		7		6	
		9				1		
				6				
	1	2				6	4	
9			6		8			1
				3				
	8		5		9		7	

우리의 인생은 우리가 노력한 만큼 가치가 있다. – 프랑수아 모리아크

57

월 일

6	9	4	8		2			7
	7					1		8
	1							
	2			7	6			
		3		8		2		
			4	2			9	
							6	
9		6					8	
7			9		5	3	1	2

음식을 당신의 의사나 약으로 여겨라. – 히포크라테스

58

월 일

2	3			6			8	5
		1				7		
8			5		7			3
1			3		9			6
		3				9		
7	9			3			6	2
			8		4			
			2		6			

의심하는 것이 유쾌한 일은 아니지만,
확신하는 것은 어리석은 일이다. –볼테르

59

월 일

	9			1			5	
2	5						9	6
		4				3		
			1		8			
8				3				1
			2	9	4			
		3		2		1		
7	1			6			4	5
	4			5			8	

이 인생에서는 마지막에 웃는 자가 가장 오래 웃는 자다. –존 메이스필드

60

월　　일

		3			4	9		6
	8				7			
		5	9			7	2	
4							1	
		2	8		1	5		
	1							3
	6	9			8	4		
			7				3	
1		4		5		8		

이해하려고 노력하는 행동이 미덕의 첫 단계이자 유일한 기본이다. –스피노자

61

월 일

3			2	5			1	8
2	9		1				7	
					6			
4				7	5		2	
9	8				1		3	4
	1			6				
8	2		4	1			5	
	7					3	4	

인간은 선천적으로는 거의 비슷하나 후천적으로 큰 차이가 나게 된다. –공자

62

월 일

	1			3	4		2	
5			2			3		
		4			5			1
	2			6			8	
8			9			4		
		7			1			2
	4			5			7	
1			6			5		
		8		7	2			4

인간은 인생의 방향을 결정할 규칙을 가지고 있어야 한다. －존 웨인

63

월 일

	7		9		1		4	
4		3				2		8
1	2			3			7	6
			6		4			
6	4			9			8	1
			3		6			
		2				8		
	1		4		2		9	

인간은 항상 시간이 모자란다고 불평을 하면서
마치 시간이 무한정 있는 것처럼 행동한다. – 세네카

64

월 일

	2			4			7	
	6		9		1	2		4
9			5					
8			6				1	
7		5				3		9
	4				5			7
					3			8
2		9	7		4		3	
	3			6			4	

인격, 즉 스스로 인생에 대해 책임지려는 의지는
자아를 존중하는 마음이 솟는 원천이다. – 조앤 디디온

65

월 일

			3	7	1			
3		6	2			4		1
		2				5		
2			4			6		5
1					7			3
				3				
9				5				8
8				6				7
	3	1		2		9	4	

인생에서 가장 의미없이 보낸 날은 웃지 않고 보낸 날이다. -E. E. 커밍스

66

월 일

			6	7			9	
		8			5			3
	1		3		9			6
4		7			2		5	9
6				1		4		
	8	9	4		3			
				9		2		4
			7				6	
			1			3		

인생에서 원하는 것을 얻기 위한 첫 번째 단계는
내가 무엇을 원하는지 결정하는 것이다. –벤 스타인

67

월 일

				2				
	1	3				4	5	
5			4		1			6
		8		5		9		
4	2			7			6	1
		7		1		3		
2			5		3			4
	9	6				1	3	
				6				

인생은 3막이 고약하게 쓰여진 조금 괜찮은 연극이다. - 트루먼 카포트

68

월 일

5	9				1			
1	4					2		
					5		4	8
		4				5		
	6		5		4		3	
		3				7		
2	1		6					
		5		4		9	7	
			9			6	8	

인생은 겸손에 대한 오랜 수업이다. –제임스 M. 배리

69

월 일

	7						9	
1			6	8	7			5
		6			5	4		
		1		7		8		
			4	6	8			
6		2				9		4
		7				3		
3			1	2	4			9
	6						8	

인생은 끔찍하거나 비참하거나 둘 중 하나다. －우디 앨런

70

월 일

	9				1	3		
5				2			6	
				4		5		1
					4			7
	6	7				8	9	
1			5					
7		8		9				
	4			6			8	
		9	7					

인생은 될 대로 되는 것이 아니라 생각하는 대로 되는 것이다. 자신이 어떤 마음을 먹느냐에 따라 모든 것이 결정된다. 사람은 생각하는 대로 산다. 생각하지 않고 살아가면 살아가는 대로 생각한다. –조엘 오스틴

71

월　　일

4								3
		9	5		7	1		
	1			2			8	
	2		9		1		4	
	8			4			3	
		7				9		
2			4		6			1
1				5				8
	6	8				4	9	

인생은 밀림 속의 동물원이다. –피터 드 브리스

72

월 일

	6	9				2		
1			4			5		
7				9			8	3
	4				8			
		7		5		6		
			6				2	
9	7			2		8		4
		4			3			
		8				9		

인생은 사람들 앞에서 바이올린을 켜면서
바이올린을 배우는 것과 같다. – 사무엘 버틀러

73

월 일

					4	6		
	4	7					5	
8			6		2	4	1	
5				2				
	7	1		3		5	2	
				4				6
	1	4	5		8			9
	2					3	7	
		5	2					

인생은 외국어이다.
모든 사람이 그것을 잘못 발음한다. – 크리스토퍼 몰리

74

월 일

9		4				3		8
	5		7		6		1	
		6				2		
			4		7			
	2			5			9	
		8				1		
			5	1	2			
4								6
	9		6		3		7	

인생은 위험의 연속이다. – 다이앤 프롤로브

75

월 일

	8			6			9	
1		2				7		3
7								4
		8	3		6	2		
	4			5			3	
	6						7	
		9				8		
8			1		5			6
	2			4			1	

인생은 자전거를 타는 것과 같다.

균형을 잡으려면 움직여야 한다. – 알버트 아인슈타인

76

월 일

			2		1			
		4				7		
7			6		5			1
		3				4		
	6			1			5	
		8				6		
	7			5			6	
9			7		8			5
	2		1		3		4	

인생은 지긋지긋한 일의 반복이 아니라
지긋지긋한 일의 연속이다. –에드나 밀레이

77

월 일

	3						1	
8			3		4			7
		4		5		6		
	1		2		8		5	
		9		6		8		
	5		9		7		6	
		3		2		7		
1			8		9			6
	2						3	

인생의 비극은 우리가 너무 일찍 늙고
너무 늦게 현명해진다는 것이다. – 벤자민 프랭클린

78

월 일

							8	2
		1	2			4		5
	4			8			1	
	3			7				
		2	5			6	9	
					4	5		
	2			4	6	8		1
4		8		1				
1	5					3		

인생이 어떻든 상관없이 인간은 복수를 꿈꾼다. – 폴 고갱

79

월 일

					5			4
		1	6			2		
	4			2			3	1
1								
4		2	5	3		7	8	6
8					6			3
	2			4				5
		8	7				1	
5						8		

인생이란 결코 공평하지 않다. 이 사실에 익숙해져라. -빌 게이츠

80

월　　일

						2	1	
					1			4
	4	5			9			8
6			5			4	8	
2			9					
	7	3			8	9		
				8			6	
3	2			6			5	
					7	3		

자기 반성은 지혜를 배우는 학교이다. –발타자르 그라시안

81

월　　일

							8	
		7	8			9		2
	1			9			3	
	3			4		8		
		4	7		9			
				3	8	5	4	
	5		6		4			9
8		3			1			
	2					6		

자신이 생각하기에 따라 인생이 달라진다. – 마르쿠스 아우렐리우스

82

월 일

		6			1			9
	7			5			8	
4					7	2		
			5			4		
	3			4			7	
1		2			3			
		8	9					6
	2			7			5	
3						1		

자제는 최대의 승리이다. -플라톤

83

월 일

		3	7			2	4	
					9			
	6	7			8			
3						9	5	
2					6			3
	1	5			4			2
4			6			7	8	
7			5					
	5	9			1	3		

절대 어제를 후회하지 마라. 인생은 오늘의 나 안에 있고,
내일은 스스로 만드는 것이다. −L. 론 허바드

84

월 일

		6				9		
	5			2			6	
4			7		8			3
		2			1	3		
5								7
		1	4			6		
6			2		3			1
	2			1			4	
		8				7		

젊었을 때 배움을 게을리 한 사람은

과거를 상실하며 미래도 없다. −에우리피데스

85

월 일

3		9				7		4
	8			7			6	
7			5		8			1
				6				
	3						5	
5		4				3		6
	6			4			7	
			1		2			
1	9			8			3	2

젊음은 알지 못한 것을 탄식하고
나이는 하지 못한 것을 탄식한다. – 앙리 에스티엔

86

월 일

	1				2		4	
	5		6			7		
		6						
3				4				1
1	4		7		5		2	9
9				1				7
						6		
		9			6		8	
	7		8				1	

젊음을 불완전에 대한 핑계로 대지 말라,
나이와 명성 또한 나태함에 대한 핑계로 대지 말라. – 벤자민 헤이던

87

월 일

			4		2			
		5				3		
	7		6		8		9	
1		3				2		4
				6				
7		9				6		8
	5		3		4		8	
		4				9		
2			7		9			

좋은 책을 읽는 것은

과거 몇 세기의 가장 훌륭한 사람들과 이야기를 나누는 것과 같다. – 데카르트

88

월 일

1	2		8			4	3	
	4	9			5		8	
					4			
5		6	3					2
4						9		6
			4	1		3		
	6							
	8			9	2		6	5

죽음을 그토록 두려워 말라.

못난 인생을 두려워하라. －베르톨트 브레히트

89

월 일

9				2	8			
	7	5	1				3	2
	3					9		
	2				3	7		8
3				4				6
		6	2				4	
		7					5	
1	6				9	8		
				1				4

지나간 슬픔에 새로운 눈물을 낭비하지 말라. –에우리피데스

90

월 일

	4		3					
7		5					2	
	1					9		
5		6		4	9			3
	3			7			6	
9			6	8		1		4
		4					9	
	2					6		5
					5		1	

지혜를 얻으려면 마음을 열어라. –헤라클레이토스

91

월 일

		1				5		
			4	2	3			
3								2
	5		3		2		1	
	3			8			4	
	6		7		5		8	
4								3
			5	6	7			
		2				8		

진실은 웅변과 미덕의 비결이다. 도덕적 권위의 기초이고,
예술과 인생의 정점이다. – 앙리 프레데릭 아미엘

92

월 일

4			9				2	
		8			1			3
	5			7		8		
8			7				5	
		5				1		
	2		3		9			4
				4			9	
9			6			3		
	1				7			8

처음에는 우리가 습관을 만들지만
그 다음에는 습관이 우리를 만든다. –존 드라이든

93

월 일

6				2			9	4
2			6			3		
	7		3	9	8			
		2	5		3	7		
		4		6		1		
		3	8		7	6		
			4	7	2		3	
		9			5			6
1	2			3				5

청년기의 자존심은 혈기와 아름다움에 있지만,
노년기의 자존심은 분별력에 있다. – 데모크리토스

94

월 일

			3					
		9		2		6	1	
	7				5			4
1						9		5
	4				7			6
		6		8		4	2	
	1		8		9			
	8				4			
		4	7	1				

최대의 승리는 자기 자신을 정복하는 것이다.
자기 자신에게 정복당하는 것은 최대의 수치이다. –플라톤

95

월 일

		5				6		
			4		3			
1				2				4
	3			4			1	
		4	5		6	2		
	9			1			6	
8				3				7
			6		4			
		9		5		1		

허영심은 사람을 수다스럽게 하고,
자존심은 우리를 침묵하게 한다. –쇼펜하우어

96

월 일

		9					4	
			2					5
1	6			3				9
4	9			6			2	
			7			5		
		8			9			
	7			1			8	6
3							1	4
2					4			

현명한 사람은 친구들 중 바보보다는
자신의 적들로부터 더 큰 쓸모를 얻는다. －발타사르 그라시안

97

월 일

		4				6		9
		7						
3	1		6				4	
		6		8		4		
			2	7				6
					1	3		
8			9		5		3	
		5				9	1	
9				3				4

현재가 과거와 다르길 바란다면 과거를 공부하라. -스피노자

98

월 일

	1				8	9		
		3		6				2
	7				2			3
9					6		2	
		6	8		7	4		
	3			5				8
5			2				4	
				4		7		
			1				8	

현재뿐 아니라 미래까지 걱정한다면
인생은 살 가치가 없을 것이다. – 윌리엄 서머셋 모옴

99

월 일

		2		1				4
1		7				3		9
3				5		1		
		8		9				
6		4					1	
7					4		8	
			3		2			
	6		5				9	
	3				1		2	

호기심이 사라지는 순간 노년이 시작된다. – 보부아르

100

월 일

9				6				8
	7						2	
5			2		1			4
6			9		4			7
	5						1	
				8				
		5		7		8		
	4	8				6	3	
1								9

희망만이 인생을 유일하게 사랑하는 것이다. –앙리 프레데릭 아미엘

답

1

8	6	7	3	1	5	9	4	2
9	1	2	4	8	7	3	5	6
3	5	4	2	6	9	1	7	8
4	3	1	9	5	2	6	8	7
5	2	8	6	7	3	4	1	9
7	9	6	8	4	1	5	2	3
2	7	3	1	9	4	8	6	5
1	8	9	5	2	6	7	3	4
6	4	5	7	3	8	2	9	1

2

7	5	9	1	2	3	4	8	6
8	3	1	7	4	6	9	5	2
2	6	4	5	9	8	1	7	3
6	7	3	4	5	9	8	2	1
9	4	2	8	1	7	3	6	5
5	1	8	6	3	2	7	9	4
4	9	6	3	8	5	2	1	7
3	8	5	2	7	1	6	4	9
1	2	7	9	6	4	5	3	8

3

4	1	5	8	2	3	9	7	6
9	8	7	6	4	1	3	2	5
2	3	6	9	7	5	4	8	1
6	5	2	4	8	7	1	9	3
3	7	4	1	6	9	8	5	2
8	9	1	3	5	2	7	6	4
5	2	8	7	1	4	6	3	9
7	4	3	2	9	6	5	1	8
1	6	9	5	3	8	2	4	7

4

5	3	9	6	8	4	1	2	7
7	8	4	2	9	1	5	6	3
2	6	1	3	7	5	8	9	4
4	9	2	1	6	7	3	5	8
8	5	7	4	3	9	2	1	6
3	1	6	5	2	8	7	4	9
6	4	8	7	5	2	9	3	1
9	2	3	8	1	6	4	7	5
1	7	5	9	4	3	6	8	2

5

8	1	9	4	6	7	5	3	2
4	3	2	5	8	9	6	1	7
6	5	7	1	3	2	9	8	4
2	6	3	7	1	5	4	9	8
7	9	1	2	4	8	3	5	6
5	4	8	6	9	3	7	2	1
9	7	5	8	2	6	1	4	3
1	2	6	3	5	4	8	7	9
3	8	4	9	7	1	2	6	5

6

3	5	2	9	8	1	6	4	7
1	9	7	6	4	5	8	2	3
4	6	8	3	7	2	9	5	1
5	1	4	8	6	7	3	9	2
7	8	9	2	1	3	4	6	5
6	2	3	4	5	9	1	7	8
8	4	5	7	3	6	2	1	9
9	7	6	1	2	8	5	3	4
2	3	1	5	9	4	7	8	6

7

8	7	1	5	3	9	2	6	4
5	2	4	7	6	8	9	1	3
9	3	6	1	2	4	7	5	8
6	8	7	3	4	2	5	9	1
2	4	5	9	1	7	3	8	6
3	1	9	6	8	5	4	7	2
1	9	3	4	7	6	8	2	5
7	6	8	2	5	3	1	4	9
4	5	2	8	9	1	6	3	7

8

7	8	6	2	1	3	5	9	4
2	4	3	9	7	5	8	1	6
1	5	9	6	8	4	7	3	2
6	3	1	5	4	2	9	8	7
4	7	5	8	9	1	6	2	3
9	2	8	7	3	6	4	5	1
3	6	2	4	5	8	1	7	9
8	1	7	3	6	9	2	4	5
5	9	4	1	2	7	3	6	8

9

2	8	9	6	3	4	7	5	1
5	1	3	7	8	2	4	9	6
7	6	4	9	1	5	3	8	2
8	7	6	5	2	1	9	4	3
1	3	2	4	9	7	5	6	8
9	4	5	8	6	3	1	2	7
4	9	1	2	7	6	8	3	5
6	5	7	3	4	8	2	1	9
3	2	8	1	5	9	6	7	4

10

4	3	8	5	7	1	2	9	6
7	1	9	2	3	6	8	4	5
6	2	5	4	8	9	3	1	7
3	9	6	8	1	5	4	7	2
8	4	7	6	9	2	5	3	1
1	5	2	3	4	7	6	8	9
2	7	4	9	5	8	1	6	3
9	6	3	1	2	4	7	5	8
5	8	1	7	6	3	9	2	4

11

9	7	6	1	4	3	5	8	2
3	8	4	9	2	5	6	7	1
2	1	5	7	6	8	9	4	3
1	2	8	4	3	6	7	9	5
7	6	3	2	5	9	8	1	4
4	5	9	8	1	7	3	2	6
5	9	1	3	8	2	4	6	7
6	4	7	5	9	1	2	3	8
8	3	2	6	7	4	1	5	9

12

2	6	1	8	3	9	5	4	7
4	5	3	2	7	6	8	1	9
8	7	9	1	4	5	3	6	2
3	2	6	5	9	7	1	8	4
7	9	5	4	1	8	2	3	6
1	4	8	3	6	2	9	7	5
6	1	7	9	2	3	4	5	8
5	3	2	7	8	4	6	9	1
9	8	4	6	5	1	7	2	3

13

1	7	2	3	4	5	6	8	9
5	4	8	1	6	9	2	7	3
3	9	6	7	2	8	5	4	1
8	1	9	5	3	6	4	2	7
4	6	3	2	7	1	9	5	8
7	2	5	9	8	4	1	3	6
2	3	1	4	9	7	8	6	5
6	5	4	8	1	3	7	9	2
9	8	7	6	5	2	3	1	4

14

7	1	6	5	9	3	2	4	8
3	8	4	7	2	6	9	1	5
5	2	9	8	1	4	7	3	6
4	3	8	2	7	9	5	6	1
9	7	1	6	4	5	3	8	2
6	5	2	1	3	8	4	9	7
8	6	3	4	5	7	1	2	9
1	9	5	3	8	2	6	7	4
2	4	7	9	6	1	8	5	3

15

2	9	6	8	1	3	4	7	5
3	5	1	4	9	7	2	8	6
8	4	7	5	2	6	9	3	1
9	3	4	1	8	2	5	6	7
6	8	5	9	7	4	1	2	3
7	1	2	3	6	5	8	9	4
1	6	9	7	4	8	3	5	2
5	2	8	6	3	1	7	4	9
4	7	3	2	5	9	6	1	8

16

1	5	4	2	7	3	6	8	9
8	9	2	1	4	6	5	7	3
6	7	3	5	9	8	4	2	1
5	2	6	3	1	7	8	9	4
3	1	8	9	2	4	7	6	5
7	4	9	6	8	5	3	1	2
2	8	7	4	5	9	1	3	6
9	6	5	7	3	1	2	4	8
4	3	1	8	6	2	9	5	7

17

2	1	9	5	6	3	8	4	7
7	4	6	9	8	1	3	2	5
5	3	8	7	2	4	6	1	9
4	8	1	2	9	7	5	3	6
6	7	3	4	1	5	9	8	2
9	5	2	6	3	8	1	7	4
8	2	4	3	5	9	7	6	1
3	6	5	1	7	2	4	9	8
1	9	7	8	4	6	2	5	3

18

1	6	3	4	5	8	2	7	9
8	7	5	2	9	6	4	1	3
9	2	4	7	3	1	5	6	8
3	4	6	9	7	2	8	5	1
2	1	8	6	4	5	9	3	7
5	9	7	8	1	3	6	2	4
4	3	9	5	6	7	1	8	2
7	5	2	1	8	4	3	9	6
6	8	1	3	2	9	7	4	5

19

9	7	4	6	5	2	1	3	8
6	5	3	1	8	7	2	4	9
8	1	2	4	9	3	7	6	5
3	4	6	7	1	9	5	8	2
1	9	8	5	2	6	3	7	4
5	2	7	8	3	4	9	1	6
4	6	1	2	7	5	8	9	3
7	3	5	9	4	8	6	2	1
2	8	9	3	6	1	4	5	7

20

9	8	7	3	1	2	6	5	4
5	4	6	8	9	7	1	3	2
1	2	3	4	6	5	9	7	8
6	9	8	5	3	4	2	1	7
2	3	4	6	7	1	8	9	5
7	5	1	2	8	9	3	4	6
4	1	2	9	5	8	7	6	3
8	6	9	7	4	3	5	2	1
3	7	5	1	2	6	4	8	9

21

8	5	3	6	7	2	1	4	9
9	4	7	1	8	3	5	6	2
6	2	1	4	9	5	8	7	3
7	8	5	9	6	1	3	2	4
4	9	2	8	3	7	6	1	5
1	3	6	5	2	4	9	8	7
2	7	8	3	5	6	4	9	1
3	6	4	7	1	9	2	5	8
5	1	9	2	4	8	7	3	6

22

3	4	1	7	9	5	2	8	6
6	7	5	2	8	1	9	4	3
2	8	9	4	3	6	7	5	1
7	5	4	3	1	2	8	6	9
9	6	3	8	4	7	5	1	2
8	1	2	5	6	9	4	3	7
1	9	7	6	5	4	3	2	8
4	2	8	1	7	3	6	9	5
5	3	6	9	2	8	1	7	4

23

6	8	5	3	4	1	7	9	2
4	7	1	2	8	9	3	6	5
3	2	9	6	5	7	4	1	8
5	3	8	7	6	2	9	4	1
2	1	4	5	9	3	6	8	7
7	9	6	8	1	4	5	2	3
1	6	7	9	3	8	2	5	4
9	4	2	1	7	5	8	3	6
8	5	3	4	2	6	1	7	9

24

6	5	4	9	1	2	3	7	8
2	1	9	3	7	8	4	5	6
3	8	7	4	5	6	9	2	1
9	2	6	1	4	5	8	3	7
1	3	5	7	8	9	2	6	4
7	4	8	6	2	3	5	1	9
4	9	1	2	3	7	6	8	5
5	7	2	8	6	4	1	9	3
8	6	3	5	9	1	7	4	2

25

7	6	8	9	1	5	2	4	3
4	5	9	2	6	3	1	8	7
3	2	1	8	4	7	5	6	9
9	4	3	5	7	8	6	1	2
6	7	5	3	2	1	4	9	8
1	8	2	4	9	6	3	7	5
2	3	7	6	8	4	9	5	1
8	9	6	1	5	2	7	3	4
5	1	4	7	3	9	8	2	6

26

4	7	5	2	9	1	8	3	6
2	8	9	6	3	4	1	5	7
1	3	6	5	8	7	2	4	9
8	9	4	3	7	2	6	1	5
7	6	3	1	5	9	4	2	8
5	2	1	4	6	8	9	7	3
6	4	7	9	2	3	5	8	1
9	1	8	7	4	5	3	6	2
3	5	2	8	1	6	7	9	4

27

1	7	5	9	2	3	6	8	4
8	3	6	7	5	4	2	9	1
9	4	2	6	1	8	7	5	3
2	1	3	4	8	9	5	7	6
4	8	9	5	6	7	3	1	2
5	6	7	1	3	2	9	4	8
3	5	4	2	7	1	8	6	9
6	2	1	8	9	5	4	3	7
7	9	8	3	4	6	1	2	5

28

1	5	9	8	3	6	4	7	2
2	8	7	1	9	4	5	6	3
4	6	3	2	7	5	9	1	8
9	7	6	3	8	2	1	5	4
5	2	8	4	1	9	6	3	7
3	4	1	5	6	7	2	8	9
6	3	4	7	2	1	8	9	5
7	1	2	9	5	8	3	4	6
8	9	5	6	4	3	7	2	1

29

5	7	4	3	9	2	6	8	1
1	6	3	5	8	4	9	7	2
8	2	9	1	6	7	5	3	4
6	3	7	9	1	8	4	2	5
9	8	1	4	2	5	3	6	7
2	4	5	7	3	6	8	1	9
4	1	2	6	5	3	7	9	8
7	9	6	8	4	1	2	5	3
3	5	8	2	7	9	1	4	6

30

6	1	3	7	9	2	5	8	4
4	9	5	6	1	8	3	2	7
7	8	2	4	3	5	1	6	9
5	7	6	2	4	9	8	1	3
8	2	1	5	7	3	4	9	6
3	4	9	8	6	1	7	5	2
9	5	8	3	2	4	6	7	1
1	6	4	9	8	7	2	3	5
2	3	7	1	5	6	9	4	8

31

3	1	6	5	9	2	4	7	8
4	7	2	1	8	3	9	5	6
5	8	9	4	6	7	3	2	1
6	9	4	3	7	5	8	1	2
1	5	3	6	2	8	7	4	9
7	2	8	9	4	1	6	3	5
8	3	5	7	1	6	2	9	4
2	4	7	8	5	9	1	6	3
9	6	1	2	3	4	5	8	7

32

7	2	8	6	1	4	5	9	3
1	9	3	8	2	5	6	7	4
5	6	4	3	7	9	2	1	8
3	1	6	5	4	7	9	8	2
9	8	7	1	3	2	4	6	5
4	5	2	9	6	8	1	3	7
6	7	1	2	5	3	8	4	9
2	3	9	4	8	6	7	5	1
8	4	5	7	9	1	3	2	6

33

8	4	1	7	9	6	2	5	3
5	7	6	1	2	3	8	9	4
9	3	2	8	5	4	7	6	1
1	6	9	5	3	7	4	8	2
3	5	8	6	4	2	9	1	7
4	2	7	9	8	1	5	3	6
7	8	3	4	6	5	1	2	9
6	9	4	2	1	8	3	7	5
2	1	5	3	7	9	6	4	8

34

4	9	8	2	3	7	5	1	6
3	2	6	5	1	8	7	4	9
1	5	7	6	9	4	2	8	3
7	3	1	9	8	5	6	2	4
6	8	5	1	4	2	9	3	7
9	4	2	3	7	6	1	5	8
2	7	4	8	6	1	3	9	5
5	6	9	4	2	3	8	7	1
8	1	3	7	5	9	4	6	2

35

9	8	1	4	5	7	2	3	6
6	3	4	1	2	9	7	8	5
2	5	7	3	8	6	1	4	9
4	7	9	8	6	5	3	2	1
8	1	3	9	4	2	6	5	7
5	2	6	7	3	1	8	9	4
1	4	2	6	9	8	5	7	3
3	6	5	2	7	4	9	1	8
7	9	8	5	1	3	4	6	2

36

8	6	4	1	5	9	2	3	7
1	9	3	4	2	7	5	8	6
5	7	2	3	8	6	4	9	1
3	4	5	6	9	2	1	7	8
7	1	9	8	4	5	3	6	2
6	2	8	7	3	1	9	5	4
2	3	7	5	6	4	8	1	9
4	8	1	9	7	3	6	2	5
9	5	6	2	1	8	7	4	3

37

1	7	2	6	5	3	4	9	8
5	4	9	7	2	8	6	3	1
3	6	8	1	9	4	7	5	2
4	9	6	3	8	5	2	1	7
7	2	3	4	1	9	8	6	5
8	1	5	2	6	7	3	4	9
6	8	1	5	3	2	9	7	4
9	5	7	8	4	6	1	2	3
2	3	4	9	7	1	5	8	6

38

2	5	9	7	3	1	8	6	4
7	3	6	8	9	4	2	1	5
1	8	4	5	2	6	7	3	9
3	6	8	9	7	2	4	5	1
4	2	7	3	1	5	6	9	8
5	9	1	4	6	8	3	7	2
9	4	3	2	5	7	1	8	6
8	1	5	6	4	3	9	2	7
6	7	2	1	8	9	5	4	3

39

4	8	2	1	3	7	5	9	6
1	6	7	8	5	9	2	3	4
5	9	3	2	4	6	8	7	1
3	7	5	4	2	1	6	8	9
6	4	9	3	7	8	1	2	5
8	2	1	6	9	5	3	4	7
2	3	6	9	1	4	7	5	8
9	5	8	7	6	2	4	1	3
7	1	4	5	8	3	9	6	2

40

2	7	1	5	9	6	4	3	8
5	3	9	4	1	8	2	6	7
6	8	4	3	7	2	5	1	9
7	5	6	2	8	4	3	9	1
8	1	3	9	6	5	7	4	2
4	9	2	1	3	7	6	8	5
9	4	7	8	5	3	1	2	6
1	2	5	6	4	9	8	7	3
3	6	8	7	2	1	9	5	4

41

3	2	7	8	5	1	6	9	4
8	6	9	2	4	3	1	7	5
5	4	1	9	6	7	2	3	8
7	5	3	4	2	6	9	8	1
4	8	6	5	1	9	7	2	3
9	1	2	3	7	8	4	5	6
1	3	8	7	9	4	5	6	2
2	9	4	6	8	5	3	1	7
6	7	5	1	3	2	8	4	9

42

1	2	6	4	9	7	8	3	5
7	9	3	8	6	5	2	1	4
4	5	8	2	3	1	9	7	6
3	6	5	7	2	8	4	9	1
9	7	2	1	4	3	5	6	8
8	1	4	9	5	6	3	2	7
6	4	9	5	1	2	7	8	3
5	3	7	6	8	9	1	4	2
2	8	1	3	7	4	6	5	9

43

5	2	7	9	3	6	8	4	1
8	4	1	7	2	5	6	9	3
3	9	6	1	8	4	5	2	7
2	5	8	6	9	3	1	7	4
9	7	3	5	4	1	2	8	6
1	6	4	2	7	8	9	3	5
4	1	2	3	5	9	7	6	8
7	3	5	8	6	2	4	1	9
6	8	9	4	1	7	3	5	2

44

3	7	9	2	8	1	5	6	4
5	1	6	7	4	9	8	3	2
4	8	2	3	5	6	1	7	9
6	5	3	8	2	4	7	9	1
7	2	8	9	1	5	3	4	6
1	9	4	6	3	7	2	5	8
9	6	1	5	7	8	4	2	3
2	4	5	1	9	3	6	8	7
8	3	7	4	6	2	9	1	5

45

2	7	3	1	4	9	5	6	8
9	4	8	6	5	7	1	3	2
1	6	5	3	2	8	7	9	4
6	8	4	9	1	3	2	7	5
3	2	9	4	7	5	6	8	1
5	1	7	8	6	2	9	4	3
4	9	1	5	8	6	3	2	7
8	3	2	7	9	1	4	5	6
7	5	6	2	3	4	8	1	9

46

4	6	8	1	2	7	5	3	9
3	7	1	5	9	4	8	6	2
9	2	5	3	6	8	4	7	1
8	5	9	4	7	3	2	1	6
1	4	7	2	8	6	3	9	5
2	3	6	9	1	5	7	8	4
5	1	4	8	3	9	6	2	7
7	9	3	6	4	2	1	5	8
6	8	2	7	5	1	9	4	3

47

2	3	5	7	4	6	1	8	9
9	4	7	1	8	5	3	2	6
1	8	6	3	9	2	4	5	7
3	6	4	8	5	9	7	1	2
7	2	8	4	3	1	9	6	5
5	9	1	6	2	7	8	4	3
6	7	9	2	1	4	5	3	8
4	5	3	9	6	8	2	7	1
8	1	2	5	7	3	6	9	4

48

7	8	9	1	3	2	6	4	5
3	6	2	8	5	4	1	9	7
1	5	4	6	9	7	3	2	8
4	9	8	3	7	6	5	1	2
5	2	7	9	4	1	8	6	3
6	3	1	2	8	5	9	7	4
2	4	6	5	1	8	7	3	9
8	1	3	7	2	9	4	5	6
9	7	5	4	6	3	2	8	1

49

5	9	1	3	6	7	2	8	4
3	6	7	8	4	2	9	1	5
8	4	2	5	9	1	3	7	6
1	2	3	4	7	6	8	5	9
9	8	6	2	3	5	7	4	1
4	7	5	9	1	8	6	2	3
2	3	9	1	8	4	5	6	7
7	1	8	6	5	9	4	3	2
6	5	4	7	2	3	1	9	8

50

5	6	8	2	7	9	3	1	4
1	9	2	4	3	6	5	7	8
3	4	7	5	8	1	9	2	6
7	1	6	3	5	2	8	4	9
2	5	3	8	9	4	7	6	1
4	8	9	6	1	7	2	5	3
9	7	5	1	4	8	6	3	2
6	3	4	9	2	5	1	8	7
8	2	1	7	6	3	4	9	5

51

7	2	9	8	6	1	4	5	3
3	8	5	4	7	9	2	6	1
4	6	1	2	3	5	8	9	7
5	3	4	6	1	7	9	2	8
2	9	6	5	8	3	7	1	4
8	1	7	9	4	2	5	3	6
1	5	3	7	2	8	6	4	9
9	4	8	3	5	6	1	7	2
6	7	2	1	9	4	3	8	5

52

6	5	3	1	2	8	9	7	4
7	8	9	4	6	5	1	2	3
4	1	2	7	3	9	5	6	8
2	7	6	8	1	3	4	9	5
8	4	5	9	7	2	6	3	1
9	3	1	6	5	4	2	8	7
3	9	4	2	8	1	7	5	6
1	6	8	5	9	7	3	4	2
5	2	7	3	4	6	8	1	9

53

7	9	6	4	2	5	1	8	3
4	2	1	9	8	3	6	7	5
3	8	5	7	6	1	4	2	9
8	6	9	1	3	2	5	4	7
1	5	3	8	4	7	9	6	2
2	7	4	6	5	9	8	3	1
9	4	7	2	1	6	3	5	8
6	3	2	5	9	8	7	1	4
5	1	8	3	7	4	2	9	6

54

7	8	4	1	6	5	3	9	2
9	5	3	2	8	7	6	1	4
2	6	1	9	3	4	8	7	5
8	9	6	3	4	1	5	2	7
5	4	2	6	7	8	1	3	9
3	1	7	5	2	9	4	6	8
6	3	9	8	5	2	7	4	1
4	2	8	7	1	6	9	5	3
1	7	5	4	9	3	2	8	6

55

7	5	1	9	2	6	8	3	4
2	4	6	5	8	3	9	1	7
3	9	8	7	1	4	2	5	6
4	6	9	3	7	8	1	2	5
5	3	7	2	6	1	4	8	9
1	8	2	4	9	5	6	7	3
9	7	3	1	4	2	5	6	8
8	1	4	6	5	7	3	9	2
6	2	5	8	3	9	7	4	1

56

7	2	1	8	5	6	9	3	4
8	9	6	4	2	3	5	1	7
5	4	3	1	9	7	8	6	2
6	7	9	3	8	4	1	2	5
4	5	8	2	6	1	7	9	3
3	1	2	9	7	5	6	4	8
9	3	7	6	4	8	2	5	1
1	6	5	7	3	2	4	8	9
2	8	4	5	1	9	3	7	6

57

6	9	4	8	1	2	5	3	7
3	7	5	6	9	4	1	2	8
8	1	2	3	5	7	9	4	6
4	2	9	1	7	6	8	5	3
1	6	3	5	8	9	2	7	4
5	8	7	4	2	3	6	9	1
2	5	1	7	3	8	4	6	9
9	3	6	2	4	1	7	8	5
7	4	8	9	6	5	3	1	2

58

9	4	5	7	2	8	6	3	1
2	3	7	9	6	1	4	8	5
6	8	1	4	5	3	7	2	9
8	6	9	5	4	7	2	1	3
1	7	2	3	8	9	5	4	6
4	5	3	6	1	2	9	7	8
7	9	4	1	3	5	8	6	2
3	2	6	8	9	4	1	5	7
5	1	8	2	7	6	3	9	4

59

3	9	8	6	1	2	7	5	4
2	5	1	3	4	7	8	9	6
6	7	4	9	8	5	3	1	2
4	3	5	1	7	8	6	2	9
8	2	9	5	3	6	4	7	1
1	6	7	2	9	4	5	3	8
5	8	3	4	2	9	1	6	7
7	1	2	8	6	3	9	4	5
9	4	6	7	5	1	2	8	3

60

2	7	3	5	1	4	9	8	6
9	8	1	6	2	7	3	4	5
6	4	5	9	8	3	7	2	1
4	5	7	3	9	2	6	1	8
3	9	2	8	6	1	5	7	4
8	1	6	4	7	5	2	9	3
7	6	9	1	3	8	4	5	2
5	2	8	7	4	6	1	3	9
1	3	4	2	5	9	8	6	7

61

3	4	7	2	5	9	6	1	8
2	9	6	1	4	8	5	7	3
1	5	8	7	3	6	4	9	2
4	6	1	3	7	5	8	2	9
9	8	5	6	2	1	7	3	4
7	3	2	8	9	4	1	6	5
5	1	4	9	6	3	2	8	7
8	2	3	4	1	7	9	5	6
6	7	9	5	8	2	3	4	1

62

7	1	6	8	3	4	9	2	5
5	8	9	2	1	6	3	4	7
2	3	4	7	9	5	8	6	1
4	2	1	5	6	3	7	8	9
8	6	5	9	2	7	4	1	3
3	9	7	4	8	1	6	5	2
9	4	3	1	5	8	2	7	6
1	7	2	6	4	9	5	3	8
6	5	8	3	7	2	1	9	4

63

8	7	6	9	2	1	5	4	3
4	9	3	7	6	5	2	1	8
2	5	1	8	4	3	7	6	9
1	2	9	5	3	8	4	7	6
7	3	8	6	1	4	9	5	2
6	4	5	2	9	7	3	8	1
9	8	4	3	5	6	1	2	7
5	6	2	1	7	9	8	3	4
3	1	7	4	8	2	6	9	5

64

5	2	1	3	4	8	9	7	6
3	6	8	9	7	1	2	5	4
9	7	4	5	2	6	1	8	3
8	9	2	6	3	7	4	1	5
7	1	5	4	8	2	3	6	9
6	4	3	1	9	5	8	2	7
4	5	6	2	1	3	7	9	8
2	8	9	7	5	4	6	3	1
1	3	7	8	6	9	5	4	2

65

4	5	9	3	7	1	8	6	2
3	8	6	2	9	5	4	7	1
7	1	2	8	4	6	5	3	9
2	7	3	4	1	9	6	8	5
1	4	5	6	8	7	2	9	3
6	9	8	5	3	2	7	1	4
9	6	7	1	5	4	3	2	8
8	2	4	9	6	3	1	5	7
5	3	1	7	2	8	9	4	6

66

5	4	3	6	7	1	8	9	2
9	6	8	2	4	5	7	1	3
7	1	2	3	8	9	5	4	6
4	3	7	8	6	2	1	5	9
6	2	5	9	1	7	4	3	8
1	8	9	4	5	3	6	2	7
3	7	1	5	9	6	2	8	4
2	5	4	7	3	8	9	6	1
8	9	6	1	2	4	3	7	5

67

8	6	4	9	2	5	7	1	3
9	1	3	7	8	6	4	5	2
5	7	2	4	3	1	8	9	6
1	3	8	6	5	4	9	2	7
4	2	9	3	7	8	5	6	1
6	5	7	2	1	9	3	4	8
2	8	1	5	9	3	6	7	4
7	9	6	8	4	2	1	3	5
3	4	5	1	6	7	2	8	9

68

5	9	2	4	8	1	3	6	7
1	4	8	3	6	7	2	9	5
3	7	6	2	9	5	1	4	8
8	2	4	7	3	9	5	1	6
7	6	1	5	2	4	8	3	9
9	5	3	8	1	6	7	2	4
2	1	9	6	7	8	4	5	3
6	8	5	1	4	3	9	7	2
4	3	7	9	5	2	6	8	1

69

5	7	3	2	4	1	6	9	8
1	4	9	6	8	7	2	3	5
8	2	6	3	9	5	4	1	7
4	3	1	9	7	2	8	5	6
7	9	5	4	6	8	1	2	3
6	8	2	5	1	3	9	7	4
9	1	7	8	5	6	3	4	2
3	5	8	1	2	4	7	6	9
2	6	4	7	3	9	5	8	1

70

2	9	6	8	5	1	3	7	4
5	1	4	3	2	7	9	6	8
8	7	3	9	4	6	5	2	1
9	3	5	6	8	4	2	1	7
4	6	7	1	3	2	8	9	5
1	8	2	5	7	9	6	4	3
7	2	8	4	9	3	1	5	6
3	4	1	2	6	5	7	8	9
6	5	9	7	1	8	4	3	2

71

4	5	2	1	9	8	6	7	3
8	3	9	5	6	7	1	2	4
7	1	6	3	2	4	5	8	9
3	2	5	9	7	1	8	4	6
9	8	1	6	4	5	2	3	7
6	4	7	8	3	2	9	1	5
2	9	3	4	8	6	7	5	1
1	7	4	2	5	9	3	6	8
5	6	8	7	1	3	4	9	2

72

4	6	9	8	3	5	2	1	7
1	8	3	4	7	2	5	6	9
7	2	5	1	9	6	4	8	3
6	4	2	3	1	8	7	9	5
8	3	7	2	5	9	6	4	1
5	9	1	6	4	7	3	2	8
9	7	6	5	2	1	8	3	4
2	5	4	9	8	3	1	7	6
3	1	8	7	6	4	9	5	2

73

1	5	2	7	8	4	6	9	3
6	4	7	3	1	9	8	5	2
8	9	3	6	5	2	4	1	7
5	3	6	8	2	7	9	4	1
4	7	1	9	3	6	5	2	8
2	8	9	1	4	5	7	3	6
3	1	4	5	7	8	2	6	9
9	2	8	4	6	1	3	7	5
7	6	5	2	9	3	1	8	4

74

9	7	4	1	2	5	3	6	8
3	5	2	7	8	6	4	1	9
1	8	6	3	9	4	2	5	7
5	1	9	4	3	7	6	8	2
6	2	3	8	5	1	7	9	4
7	4	8	2	6	9	1	3	5
8	6	7	5	1	2	9	4	3
4	3	1	9	7	8	5	2	6
2	9	5	6	4	3	8	7	1

75

5	8	4	7	6	3	1	9	2
1	9	2	5	8	4	7	6	3
7	3	6	2	1	9	5	8	4
9	5	8	3	7	6	2	4	1
2	4	7	9	5	1	6	3	8
3	6	1	4	2	8	9	7	5
4	1	9	6	3	2	8	5	7
8	7	3	1	9	5	4	2	6
6	2	5	8	4	7	3	1	9

76

6	3	9	2	7	1	5	8	4
5	1	4	8	3	9	7	2	6
7	8	2	6	4	5	3	9	1
1	9	3	5	8	6	4	7	2
4	6	7	3	1	2	8	5	9
2	5	8	4	9	7	6	1	3
3	7	1	9	5	4	2	6	8
9	4	6	7	2	8	1	3	5
8	2	5	1	6	3	9	4	7

77

5	3	2	7	8	6	9	1	4
8	6	1	3	9	4	5	2	7
7	9	4	1	5	2	6	8	3
6	1	7	2	4	8	3	5	9
2	4	9	5	6	3	8	7	1
3	5	8	9	1	7	4	6	2
4	8	3	6	2	1	7	9	5
1	7	5	8	3	9	2	4	6
9	2	6	4	7	5	1	3	8

78

3	6	7	4	5	1	9	8	2
8	9	1	2	6	7	4	3	5
2	4	5	9	8	3	7	1	6
5	3	4	6	7	9	1	2	8
7	1	2	5	3	8	6	9	4
6	8	9	1	2	4	5	7	3
9	2	3	7	4	6	8	5	1
4	7	8	3	1	5	2	6	9
1	5	6	8	9	2	3	4	7

79

2	8	9	3	1	5	6	7	4
3	5	1	6	7	4	2	9	8
7	4	6	8	2	9	5	3	1
1	6	3	4	8	7	9	5	2
4	9	2	5	3	1	7	8	6
8	7	5	2	9	6	1	4	3
9	2	7	1	4	8	3	6	5
6	3	8	7	5	2	4	1	9
5	1	4	9	6	3	8	2	7

80

8	3	9	4	5	6	2	1	7
7	6	2	8	3	1	5	9	4
1	4	5	7	2	9	6	3	8
6	9	1	5	7	2	4	8	3
2	5	8	9	4	3	1	7	6
4	7	3	6	1	8	9	2	5
9	1	4	3	8	5	7	6	2
3	2	7	1	6	4	8	5	9
5	8	6	2	9	7	3	4	1

81

3	9	2	5	6	7	1	8	4
6	4	7	8	1	3	9	5	2
5	1	8	4	9	2	7	3	6
2	3	5	1	4	6	8	9	7
1	8	4	7	5	9	2	6	3
9	7	6	2	3	8	5	4	1
7	5	1	6	8	4	3	2	9
8	6	3	9	2	1	4	7	5
4	2	9	3	7	5	6	1	8

82

5	8	6	2	3	1	7	4	9
2	7	3	4	5	9	6	8	1
4	1	9	6	8	7	2	3	5
8	9	7	5	6	2	4	1	3
6	3	5	1	4	8	9	7	2
1	4	2	7	9	3	5	6	8
7	5	8	9	1	4	3	2	6
9	2	1	3	7	6	8	5	4
3	6	4	8	2	5	1	9	7

83

8	9	3	7	6	5	2	4	1
5	2	4	1	3	9	8	6	7
1	6	7	4	2	8	5	3	9
3	4	6	2	1	7	9	5	8
2	7	8	9	5	6	4	1	3
9	1	5	3	8	4	6	7	2
4	3	1	6	9	2	7	8	5
7	8	2	5	4	3	1	9	6
6	5	9	8	7	1	3	2	4

84

2	3	6	1	5	4	9	7	8
8	5	7	3	2	9	1	6	4
4	1	9	7	6	8	2	5	3
9	4	2	6	7	1	3	8	5
5	6	3	8	9	2	4	1	7
7	8	1	4	3	5	6	2	9
6	7	4	2	8	3	5	9	1
3	2	5	9	1	7	8	4	6
1	9	8	5	4	6	7	3	2

85

3	5	9	6	2	1	7	8	4
2	8	1	4	7	9	5	6	3
7	4	6	5	3	8	9	2	1
9	1	8	3	6	5	2	4	7
6	3	7	2	1	4	8	5	9
5	2	4	8	9	7	3	1	6
8	6	2	9	4	3	1	7	5
4	7	3	1	5	2	6	9	8
1	9	5	7	8	6	4	3	2

86

7	1	3	9	8	2	5	4	6
4	5	2	6	3	1	7	9	8
8	9	6	4	5	7	1	3	2
3	6	7	2	4	9	8	5	1
1	4	8	7	6	5	3	2	9
9	2	5	3	1	8	4	6	7
2	8	1	5	9	4	6	7	3
5	3	9	1	7	6	2	8	4
6	7	4	8	2	3	9	1	5

87

6	9	1	4	3	2	8	7	5
4	8	5	9	7	1	3	6	2
3	7	2	6	5	8	4	9	1
1	6	3	8	9	7	2	5	4
5	4	8	2	6	3	7	1	9
7	2	9	1	4	5	6	3	8
9	5	7	3	2	4	1	8	6
8	3	4	5	1	6	9	2	7
2	1	6	7	8	9	5	4	3

88

1	2	5	8	6	7	4	3	9
6	3	8	9	4	1	5	2	7
7	4	9	2	3	5	6	8	1
8	9	2	6	5	4	7	1	3
5	1	6	3	7	9	8	4	2
4	7	3	1	2	8	9	5	6
2	5	7	4	1	6	3	9	8
9	6	1	5	8	3	2	7	4
3	8	4	7	9	2	1	6	5

89

9	4	1	3	2	8	6	7	5
8	7	5	1	9	6	4	3	2
6	3	2	5	7	4	9	8	1
5	2	4	9	6	3	7	1	8
3	1	8	7	4	5	2	9	6
7	9	6	2	8	1	5	4	3
4	8	7	6	3	2	1	5	9
1	6	3	4	5	9	8	2	7
2	5	9	8	1	7	3	6	4

90

2	4	9	3	6	1	5	8	7
7	6	5	4	9	8	3	2	1
3	1	8	2	5	7	9	4	6
5	8	6	1	4	9	2	7	3
4	3	1	5	7	2	8	6	9
9	7	2	6	8	3	1	5	4
1	5	4	8	3	6	7	9	2
8	2	7	9	1	4	6	3	5
6	9	3	7	2	5	4	1	8

91

6	2	1	8	7	9	5	3	4
7	9	5	4	2	3	1	6	8
3	4	8	6	5	1	9	7	2
8	5	9	3	4	2	6	1	7
1	3	7	9	8	6	2	4	5
2	6	4	7	1	5	3	8	9
4	1	6	2	9	8	7	5	3
9	8	3	5	6	7	4	2	1
5	7	2	1	3	4	8	9	6

92

4	6	1	9	3	8	7	2	5
2	7	8	5	6	1	9	4	3
3	5	9	4	7	2	8	1	6
8	3	4	7	1	6	2	5	9
6	9	5	8	2	4	1	3	7
1	2	7	3	5	9	6	8	4
7	8	6	1	4	3	5	9	2
9	4	2	6	8	5	3	7	1
5	1	3	2	9	7	4	6	8

93

6	3	5	7	2	1	8	9	4
2	9	8	6	5	4	3	1	7
4	7	1	3	9	8	5	6	2
9	6	2	5	1	3	7	4	8
7	8	4	2	6	9	1	5	3
5	1	3	8	4	7	6	2	9
8	5	6	4	7	2	9	3	1
3	4	9	1	8	5	2	7	6
1	2	7	9	3	6	4	8	5

94

4	6	2	3	7	1	5	9	8
3	5	9	4	2	8	6	1	7
8	7	1	9	6	5	2	3	4
1	3	8	6	4	2	9	7	5
2	4	5	1	9	7	3	8	6
7	9	6	5	8	3	4	2	1
6	1	3	8	5	9	7	4	2
5	8	7	2	3	4	1	6	9
9	2	4	7	1	6	8	5	3

95

4	8	5	7	9	1	6	3	2
9	2	7	4	6	3	8	5	1
1	6	3	8	2	5	9	7	4
6	3	8	9	4	2	7	1	5
7	1	4	5	8	6	2	9	3
5	9	2	3	1	7	4	6	8
8	4	6	1	3	9	5	2	7
2	5	1	6	7	4	3	8	9
3	7	9	2	5	8	1	4	6

96

5	3	9	1	8	7	6	4	2
8	4	7	2	9	6	1	3	5
1	6	2	4	3	5	8	7	9
4	9	5	8	6	1	3	2	7
6	1	3	7	4	2	5	9	8
7	2	8	3	5	9	4	6	1
9	7	4	5	1	3	2	8	6
3	5	6	9	2	8	7	1	4
2	8	1	6	7	4	9	5	3

97

2	5	4	3	1	7	6	8	9
6	9	7	8	5	4	1	2	3
3	1	8	6	9	2	7	4	5
7	2	6	5	8	3	4	9	1
1	4	3	2	7	9	8	5	6
5	8	9	4	6	1	3	7	2
8	6	1	9	4	5	2	3	7
4	3	5	7	2	6	9	1	8
9	7	2	1	3	8	5	6	4

98

2	1	5	7	3	8	9	6	4
4	9	3	5	6	1	8	7	2
6	7	8	4	9	2	1	5	3
9	8	4	3	1	6	5	2	7
1	5	6	8	2	7	4	3	9
7	3	2	9	5	4	6	1	8
5	6	7	2	8	9	3	4	1
8	2	1	6	4	3	7	9	5
3	4	9	1	7	5	2	8	6

99

9	5	2	7	1	3	8	6	4
1	4	7	2	8	6	3	5	9
3	8	6	4	5	9	1	7	2
5	2	8	1	9	7	4	3	6
6	9	4	8	3	5	2	1	7
7	1	3	6	2	4	9	8	5
8	7	9	3	6	2	5	4	1
2	6	1	5	4	8	7	9	3
4	3	5	9	7	1	6	2	8

100

9	2	1	4	6	7	3	5	8
3	7	4	8	5	9	1	2	6
5	8	6	2	3	1	7	9	4
6	3	2	9	1	4	5	8	7
8	5	9	7	2	6	4	1	3
4	1	7	3	8	5	9	6	2
2	9	5	6	7	3	8	4	1
7	4	8	1	9	2	6	3	5
1	6	3	5	4	8	2	7	9

지은이 오정환

e-스포츠 대회인 월드 사이버 게임즈(WCG)에 2004년과 2009년에 국가대표 프로게이머로 선발될 정도로 게임 분야에서 활발한 활동을 해왔다. tvN 대학토론배틀 심사위원과 〈문제적 남자〉의 전문 패널로 출연하고 신문, 잡지 등 여러 매체에 게임성을 접목한 응용 퍼즐을 연재해 좋은 반응을 얻고 있다. 현재 뉴욕증권거래소(NYSE)와 나스닥 증권 트레이더로 일하고 있다. 멘사코리아 퍼즐위원회와 함께《멘사코리아 논리 트레이닝》《멘사코리아 수학 트레이닝》을 만들었고,《슈퍼 스도쿠 500문제 중급》《큰글씨판 슈퍼 스도쿠 100문제 기초》《큰글씨판 슈퍼 스도쿠 100문제 초급》《큰글씨판 슈퍼 스도쿠 100문제 초급 중급》 등을 만들었다.

큰글씨판 슈퍼 스도쿠 스프링북 초급

1판 1쇄 펴낸 날 2026년 4월 10일

지은이 오정환
주간 안채원
편집 윤대호, 채선희, 윤성하, 장서진
디자인 김수인, 이예은
마케팅 함정윤, 김희진

펴낸이 박윤태
펴낸곳 보누스
등록 2001년 8월 17일 제313-2002-179호
주소 서울시 마포구 동교로12안길 31 보누스 4층
전화 02-333-3114
팩스 02-3143-3254
이메일 bonus@bonusbook.co.kr
인스타그램 @bonusbook_publishing

ISBN 978-89-6494-788-3 03410

• 이 책은《큰글씨판 슈퍼 스도쿠 초급》의 스프링판입니다.
• 책값은 뒤표지에 있습니다.

IQ 148을 위한 **슈퍼 스도쿠 시리즈**

슈퍼 스도쿠 스페셜
퍼즐러 미디어 리미티드 지음 | 272면

슈퍼 스도쿠 마스터
퍼즐러 미디어 리미티드 지음 | 280면

슈퍼 스도쿠 프리미어
마인드 게임 지음 | 268면

슈퍼 스도쿠 인피니티
마인드 게임 지음 | 268면

슈퍼 스도쿠 500문제 초급 중급
오정환 지음 | 312면

슈퍼 스도쿠 500문제 중급
오정환 지음 | 312면

슈퍼 스도쿠 트레이닝 500문제 초급 중급
이민석 지음 | 360면

슈퍼 스도쿠 트레이닝 500문제 중급
이민석 지음 | 360면

슈퍼 스도쿠 초고난도 200문제
크리스티나 스미스 외 지음 | 336면

슈퍼 스도쿠 600문제 초급 중급
이민석 지음 | 368면

큰글씨판 슈퍼 스도쿠 100문제 기초
오정환 지음 | 128면

큰글씨판 슈퍼 스도쿠 100문제 초급
오정환 지음 | 136면

큰글씨판 슈퍼 스도쿠 100문제 초급 중급
오정환 지음 | 136면

큰글씨판 슈퍼 스도쿠 연습
오정환 지음 | 128면

큰글씨판 슈퍼 스도쿠 초급
오정환 지음 | 136면

슈퍼 스도쿠 시니어 기초
슈퍼스도쿠퍼즐 연구소 지음 | 96면

슈퍼 스도쿠 시니어 기초
슈퍼스도쿠퍼즐 연구소 지음 | 96면

지적 여행자를 위한 슈퍼 스도쿠 200문제
오정환 지음 | 272면